繪本 0259

乖乖愛幫忙

文・圖｜陳致元
責任編輯｜黃雅妮、陳毓書　美術設計｜林家蓁　改版設計｜王瑋薇　行銷企劃｜陳詩茵
天下雜誌群創辦人｜殷允芃　董事長兼執行長｜何琦瑜
兒童產品事業群
副總經理｜林彥傑　總編輯｜林欣靜　主編｜陳毓書　版權主任｜何晨瑋、黃微真

出版者｜親子天下股份有限公司 地址｜台北市 104 建國北路一段 96 號 4 樓
電話｜（02）2509-2800 傳真｜（02）2509-2462 網址｜ www.parenting.com.tw
讀者服務專線｜（02）2662-0332　週一～週五：09:00~17:30
讀者服務傳真｜（02）2662-6048
客服信箱｜ parenting@cw.com.tw

法律顧問｜台英國際商務法律事務所・羅明通律師
製版印刷｜中原造像股份有限公司
總經銷｜大和圖書有限公司　電話：（02）8990-2588
出版日期｜ 2017 年 5 月第一版第一次印行
2022 年 8 月第二版第五次印行
定價｜ 280 元　書號｜ BKKP0259P　ISBN ｜ 978-957-503-653-9（精裝圓角）

乖乖愛幫忙

爸爸帶乖乖逛市場，那兒有小丑在表演。

「爸爸拜託，請幫幫乖乖，乖乖看不到。」

「哇，看到了，哈哈，
小丑好棒，謝謝爸爸。」
「不客氣，乖乖。」

媽媽帶乖乖到公園玩。

「媽媽拜託，請幫幫乖乖，

乖乖想和小鳥一樣飛高高。」

「哇，飛起來了，好高好高，
謝謝媽媽。」
「不客氣，乖乖。」

爺爺帶乖乖上街。
「爺爺拜託，
請幫幫乖乖，
乖乖也好想吃
冰淇淋。」

「草莓牛奶冰淇淋好好吃喔，
謝謝爺爺。」
「不客氣，乖乖。」

奶奶的說故事時間。
「這個故事好好聽，
乖乖還想再聽一次。
奶奶拜託，請幫
幫乖乖，再唸一
次故事好嗎？」

「故事好好聽，
謝謝奶奶。」
「不客氣，乖乖。」

乖乖和媽媽一起逛超市。

ILK

櫃檯
280

「乖乖拜託，請幫幫媽媽，
替我拿一瓶牛奶好嗎？」
「好！我還可以
多拿一個小袋子。」

「今天乖乖幫了媽媽一個
大忙，謝謝乖乖。」

「不客氣，媽媽。」

乖乖是小幫手

吃完飯，我會幫忙擦桌子。

爸爸出門上班，我會幫忙拿公事包給他。

倒垃圾時，我會幫忙提垃圾。

奶奶看書時，我會幫忙拿眼鏡。